知“竹”常乐

——竹草盆景制作与欣赏

郑永泰◎著

海峡出版发行集团 | 福建科学技术出版社
THE STRAITS PUBLISHING & DISTRIBUTING GROUP | FUJIAN SCIENCE & TECHNOLOGY PUBLISHING HOUSE

图书在版编目（CIP）数据

知“竹”常乐：竹草盆景制作与欣赏 / 郑永泰著.
—福州：福建科学技术出版社，2021.2
ISBN 978-7-5335-6367-7

Ⅰ.①知… Ⅱ.①郑… Ⅲ.①盆景－观赏园艺
Ⅳ.①S668.1

中国版本图书馆CIP数据核字（2021）第015901号

书　　名　知“竹”常乐——竹草盆景制作与欣赏
著　　者　郑永泰
出版发行　福建科学技术出版社
社　　址　福州市东水路76号（邮编350001）
网　　址　www.fjstp.com
经　　销　福建新华发行（集团）有限责任公司
印　　刷　福州德安彩色印刷有限公司
开　　本　787毫米×1092毫米　1/12
印　　张　10
插　　页　4
图　　文　120码
版　　次　2021年2月第1版
印　　次　2021年2月第1次印刷
书　　号　ISBN 978-7-5335-6367-7
定　　价　158.00元

作者近照

作者简介

郑永泰　1940年出生于广东省汕头市，中国盆景艺术大师，高级经济师。现任中国园林学会花卉盆景赏石分会顾问，广东省盆景协会名誉会长。

20世纪70年代开始制作盆景，2000年退休后创建欣园盆景园，醉心于盆景制作。其创作理念崇尚自然，注重技法，追求意境。制作技艺以岭南盆景“蓄枝截干”技法为基础，博采众长。选材上不论品种，不计贵贱，随缘取材，随性而作。其作品清新自然，枝法细腻，内涵丰富，视觉清爽，具有鲜明的个人风格。对杂木盆景、马尾松盆景和竹草盆景的制作尤见其深厚的功力，精品颇多。发表多篇有关盆景艺术与创作的论文，著有《欣园盆景》《杂木盆景造型与养护技艺》。

序

每次见到老友郑永泰先生，总能从他身上感受到一种平和与淡定。

2020年9月全国盆景展期间，我们在沭阳又见面了。刚聊上几句，他就打开手机中的图片。一看，全是竹子盆景，不下百幅！这些竹子盆景，品种多样，姿态各异，配以奇石，加上题款，完全就是一幅幅名副其实的竹石图，看后令人顿觉一股清雅之风扑面而来。

在当今商品社会中，能摒弃功利心，坚持自己的创作思想，以虔诚的心态对待盆景艺术的人并不多，郑永泰先生便是一个。

他的作品是用“心”创作的，是他自己对大自然的理解和对生活的感悟。其风格也如其人，平和而淡定，从中看不到任何商业化的痕迹，也没有对潮流的迎合。

“选材不论品种，不计贵贱，随缘取材，随性而作。”这是郑永泰先生的创作理念。他擅长采用普通的素材做出不普通的作品，用平庸的素材做出神奇的作品。笔者对此颇为赞同，以为这才是盆景艺术的真谛。

从多年前开始，郑永泰先生盯上了竹子盆景。

竹子自古就与中国的文化密不可分。其刚毅正直、宁折不弯、高风亮节，素为人们所称颂。古今文人墨客，托物言志，咏竹、画竹者众多。其中最为脍炙人口的有宋代苏东坡“宁可食无肉，不可居无竹”的名言和清代郑板桥的竹画。他们都是将情感融入竹子，从中寻求一种精神的慰藉。

郑永泰先生如此痴迷竹子盆景，也是由于竹子与他的精神追求和审美取向正相吻合。

竹子盆景起源很早。元代就已有竹子水旱盆景，明清以松、竹、梅“岁寒三友”为题材的盆景更是广为流传。屠隆《考盘余事》、王象晋《群芳谱》等古籍都有对竹类盆景的记载。现代也有周瘦鹃先生等人创作竹子盆景。

竹子挺拔修长，飘逸潇洒，四季可赏。植于盆中，配上奇石，极富韵致，用以点缀居室，可使人足不出户，便可享受自然之美。

竹子盆景的创作看似简单，其实不易。不仅要掌握盆景的造型技艺，娴熟地运用空间留白、疏密变化等各种艺术表现手法，而且要充分了解各类竹子的观赏特点和生长习性，更重要的是要对竹子的文化内涵、人格象征和美学特征有深刻的理解。只有真正达到了“知竹”和胸有成竹，方能做出富于诗情画意的好作品。

竹子盆景的赏玩，入手易而持久难。竹子盆景在竹子生长期变化很快，不像松柏盆景那样树形稳定。要想保持好形态，还离不开一定养护整形经验。

郑永泰先生以自然界中的竹子为蓝本，以中国画中的竹子为借鉴，应用盆景造型技艺，在创作中删繁就简，立异标新，重在表现竹子清丽脱俗的神韵，其作品充满着浓郁的自然风情和深厚的人文意蕴。

《知“竹”常乐——竹草盆景制作与欣赏》一书，以郑永泰先生的竹子盆景图片为主，同时附有关于竹类盆景的制作技术与创作感悟。该书观赏性与实用性兼备，很值得盆景爱好者一读。

书名取“知‘竹’常乐”，一语双关，既表达了郑永泰先生对竹子盆景的酷爱，也明示了他的人生态度。爱竹者高雅，知竹者常乐。

2020年10月

目录 CONTENTS

一、竹草盆景制作与养护

竹草盆景，即竹草类盆景，是指以竹子、兰花、菊花，以及菖蒲等草类植物为素材制作而成的盆景作品。

竹草盆景或刚劲挺秀、潇洒俊逸，或清疏雅致、隽秀脱俗，或清秀幽远、淡静野趣，富含文人内涵，独具中华文人文化的民族特色。其制成盆景成景快，形式和内容多种多样，全没固定模式，尽可以随缘取材，随性而作，因而提供了很大的创作空间；且素材便宜易得，体量较小，养护容易，管理方便，不受经济和场地条件限制，因而一般爱好者都能玩得起，可以进入千家万户。

（一）竹子盆景的制作与养护

在竹草盆景中，竹子姿态婆娑，枝叶扶疏，清淡优雅，四时常青，可以单独制作成景，加之其空心有节、柔韧不折的独特秉性特质，在中华文化中象征着高风亮节的精神气质和屈而不折的精神风骨，是中国文人对正直清高、潇洒俊逸的人格追求，因而决定了其在竹草盆景中的主导作用，无疑是这类盆景中的主角。

竹子是禾本科竹亚科多年生常绿木质化植物，其茎（竹竿）为木质而中空。树木和草本植物的区别在于有无形成层，形成层每年不断生长会形成木质年轮而不断增粗。竹子虽木质，但没有形成层和年轮，所以实质上就是草本植物。由于竹笋萌发后分节长成新竿，竿上每个节点都有生长点，因而一节一节不断长高，但却因没有形成层，故不能横向不断增粗。

菲白竹

竹子种类繁多，生长特性也各不相同，不同品种的体量和寿命差别很大，有的才十来厘米，低矮如草，如姬翠竹、菲白竹，有的则二三十米，高如乔木树，如簕竹、巨龙竹。制作竹子盆景宜采用较易矮化的中小型品种，这类品种单竿寿命大多为10年左右或更长。如养护管理得当，出笋定形后，新竿有5年左右的壮年期，这期

簕竹

间可经多次修剪，整形保形或改作；之后长成老竿，逐渐衰老退化，而盆竹每年又会不断萌发新笋，特别是秋季长出的新笋，节密形矮，更适合培育成新竿，供新老更替，或进行改作。故一盆竹子盆景制成后，可以多次不断改作，常年观赏，而多余的新竿，有的还可分株移植，另做新作。

竹子有丛生竹、散生竹和混生竹之分。丛生竹是竹竿的根茎（头）部有明显分节，节侧有芽点，可孕育侧芽生出新笋，长成新竹，故其竹竿多汇集在一起成丛状，如佛肚竹、观音竹等。这种丛生竹可以单竿（丛）移植，如季节适宜，成活率很高。散生竹是指地下有茎（即竹笋在地下横向生长，也叫竹鞭）的竹类，这类竹子竹竿的根茎（头）部没有分蘖能力，只有在地下横向生长的地下茎上的芽头才能发育成新的横向生长的竹鞭，或向上生长出新的出土竹笋，故地面上的竹竿多分散生长，如四方竹、罗汉竹等。这种散生竹移植必须带有竹鞭，最好是两边都留有 20 厘米以上的长度；没有带竹鞭单竿移植上盆，

佛肚竹

散生竹竹竿多分散生长

竹子土壤过干，叶片卷曲干皱

虽有竹须竹根也难以成活。另外，还有一种混生竹，即其根颈侧芽既可长出新笋，也会横向生长形成地下茎，但地下茎入土较浅，如黄金竹。这种竹子移植最好也带有一定长度的地下茎。有些竹子盆景爱好者移植不成功，觉得竹子难养活，可能就是没有保护好散生竹子地下茎的缘故。

竹子喜温暖湿润、背风向阳环境和微酸性土壤。土壤必须保持湿润，若长期偏干，叶色会失翠绿。完全干透则叶片卷曲干皱，及时浇水后又展开。但也忌积水，否则，除少数品种外，大多数品种易造成烂根烂鞭。所以，竹子盆景日常养护中，浇水应不分季节，不计次数，务求经常保持土壤湿润，又不积水。

竹子除少数散生品种外，多数不甚耐寒，低温需注意防冻，最好选择适宜的地方品种栽培。夏季必须遮阴，否则，受暴晒叶片会泛黄失绿，影响观赏效果。竹子耐阴，只要有散光便能正常生长，适宜阳台培植。若摆设厅室案头观赏，最好有一定强度的散光，且室内摆设时间也不宜过长，一般最长 1 周就应搬到室外。

竹子对土壤要求不高，疏松而保水的沙质土壤较为理想，不宜全部用腐殖土。竹子性喜肥，但盆栽制作盆景，如施肥过足难以控制其生长，会导致竿高叶大节长，而缺肥又会引起生长不良，叶色泛黄，或发生小叶病、锈病等，故合理科学施肥，是养护竹子盆景的一个重要环节。每年冬春季移植或翻盆换土时，可掺入少量腐殖质基肥，之后至初夏都不必施肥，以免生长过快，叶大节长。5—8 月为利于枝叶正常生长和孕育新笋，每月可施一次稀释 20 倍以上的沤熟饼肥或鱼精肥，宁稀勿浓；如施用化肥，则宜选用养分全面，以磷钾为主的复合肥，一般不要施含氮高的肥，以防叶片过大。

竹子根系发达，生长迅速，又多栽培于浅盆小盆，很快就会满盆竹根盘结，水肥难以控制，生长受阻，

小叶病症状

锈病症状

故要视生长情况勤于换土。翻盆换土时剪去大部分竹根，结合整形或分株改作。换土时间宜在春季，但如必要，则生长期间也可进行换土。

竹子盆景形式简单，但要做出一件成功的作品，却并不容易。想要做好竹子盆景，必须要先知“竹”，了解竹子的秉性特质。“华夏竹文化，上下五千年。”（熊文愈）竹子清雅淡泊，不争艳丽，节直中空，高风亮节，正所谓“未出土时便有节，及凌云处尚虚心”（徐庭筠）。“玉可碎而不改其白，竹可焚而不改其节。”（关云长）竹子枝叶婆娑有致，筛风弄月，素雅宁静，潇洒自然，常年翠绿，岁寒不凋。“千姿百态能入画，高风亮节可作诗”，竹子与松树和梅花共称“岁寒三友”，而梅、兰、竹、菊则被称为“四君子”，这正是中华传统文化中文人气质情操和君子人格风范的写照，也是华夏竹文化的核心所在。自古以来，竹子就深受文人墨客的赞赏和偏爱，留下了大量的咏竹诗、写竹画，如苏东坡的“宁可食无肉，不可居无竹。无肉令人瘦，无竹令人俗。人瘦尚可肥，士俗不可医”，郑板桥的“咬定青山不放松，立根原在破岩中。千磨万击还坚劲，任尔东西南北风”。用竹子为主要素材做成的竹草盆景，传承中华竹文化，是地地道道的

备用盆栽素材

中国文化符号，是中国盆景不可缺失的组成部分。

除了解一些竹子的文化内涵之外，还要掌握一定的培育方法和造型技艺技巧，更要怀着一份敬畏之心，多观察自然界中竹子的姿态及生长特征，做到“胸有成竹”，并尽可能多阅读一些咏竹诗，多品赏一些写竹画，以积累和提升自身的文人素养。在此基础上，认真操作实践，用心制作，持之以恒，相信有心者定有所成，不但可以做出成功作品，还能真正享受到其中无穷的乐趣。

制作竹子盆景，事先要选取适用素材，如一时没有找到现成的，可选用一些小型品种，如佛肚竹、观音竹、黄金竹、墨竹、文登竹等，挑小株或带笋株头的植株，移植到浅盆中培植。竹子根系发达，萌发力强，对土壤要求不高，且不畏污染，繁殖容易。俗语说“一月插竹”，竹子扦插能成活，但分株移植成活率更高。移栽后要适当遮阴，保持土壤湿润，可经常向竿叶喷水。成活后便会不断萌发新笋，此时可适当控制水肥，使其竿矮化，作为素材选用。

制作竹子盆景不拘具体的技法模式，当以自然为蓝本，张扬个性，随性而作，可做成多种不同造型和表现形式，以艺术形式表现自然，但总体以清淡为主，浅盆疏栽，抒情写意。可寥寥三两竿，清疏雅致，也可丛栽做成连片竹林，营造野趣。构图是选型的主要

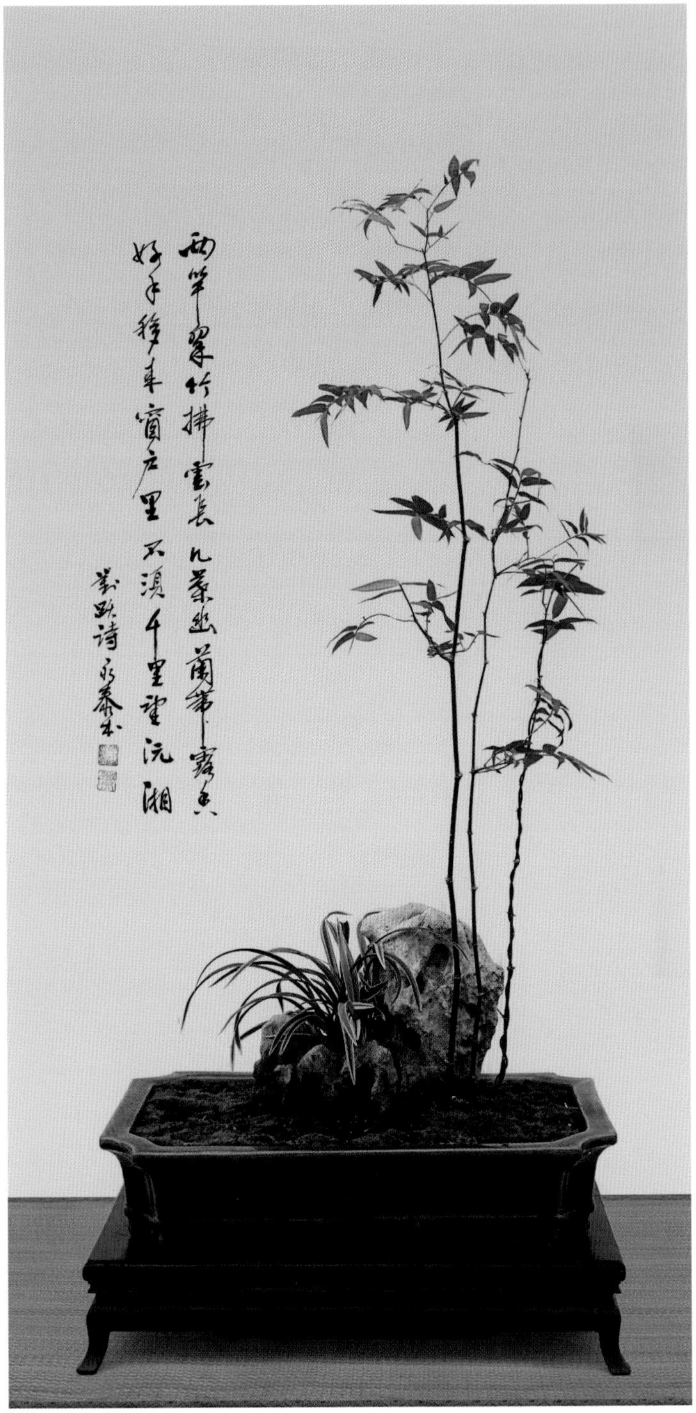

三两竿竹，清疏雅致

环节，也即画论“六法论”中的“经营位置”，直接影响观赏和艺术效果。竹子盆景的构图主要是竹竿的造型布局和竹叶的分布排比。但求疏密相宜，互相映掩，变化有度，着力表现竹竿的坚韧气节，竹姿的潇洒宁静、超然脱俗，特别是竹叶的爽朗清雅，以求“冗繁削尽留清瘦”“一枝一叶总关情”（郑板桥）的自然韵味。此外，更要用心写“意外之象”，让人感受到自然韵味的韵外之神韵，一种文人精神、文人情趣，追求艺术创作与内心精神的合一，这也是竹子盆景制作空间之所在。

连片竹林，充满野趣

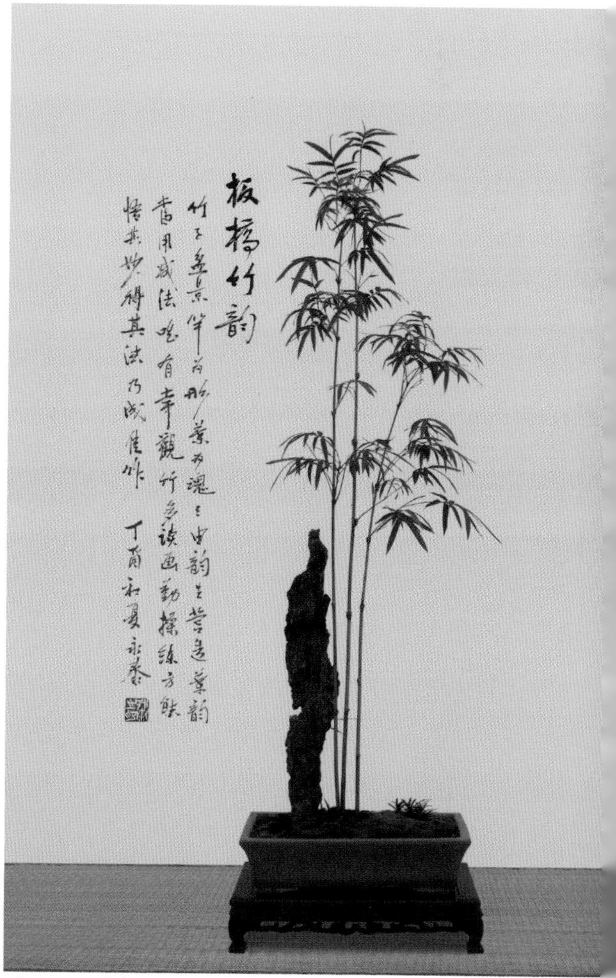

《板桥竹韵》

顺势攀扎新竿

竹子盆景各竿应高低错落，间距合理，布局自然，穿插依连，灵动变化，避免毫无取舍、杂乱无章或做成篱笆状。竹子盆景和其他类别的盆景作品一样，必须具备形象的整体完整性，不能像中国画中那样一枝一叶的局部特写，也不宜截竿，最好保持全竿造型。因截竿后竹子难以像树木那样蓄养侧枝延伸代干，会导致顶端枝叶零散，竿形不畅，过渡失调，缺乏竹子的自然韵味。如找不到合适的全竿，也可适当缩短顶梢，并注意嫩竿出梢结顶、老竿生枝结顶的表现手法，尽量做到聚散布局、疏密有致、挺秀萧疏，竿形挺拔而不僵直，得势而富有弹性。一般用两组线构图或三组线构图。两竿以上，宜主次分明，主者耸，有凌云之势，次者或仰或俯，有顾盼相依之情，但要自然。各竿平行、正斜交叉、弯曲变化等姿态，均可用铝线攀扎，调整矫形。因新笋长势笔直而方向不定，必须在其萌生到一定高度时，顺势加以攀扎，引导调整，以达到造型要求，一般1个多月即可定形。若竿已老化，则调整难度较大，时间也较长。竹竿上的节点会左右轮生新枝，应多多观察自然界中竹枝的形象，并借鉴竹画中所谓鹿角枝、鱼骨枝、鹊爪枝等基本表现枝法，不断加以修剪调整，塑造整体架构。

竹子盆景的韵味更多是以竹叶表现，叶是竹子神韵所在，因此必须认真用心观察自然界中竹叶的姿态，感悟其中的自然韵味，同时可借鉴中国竹画技法，比如二叶人字，三叶个字，四叶介字，以及惊鸦落雁、鱼尾燕尾等形象描述，处理好叶片的趋向组合和聚散疏密关系，尽量多用减法，删减枝条叶量，多留空白，做到聚散错落，变化有致：聚处叶片重叠变化，有层次感，不板不凝，生动有韵，聚而不乱；稀处灵动清疏，以少胜多，但恰到好处。一般竹竿下段的枝叶宜剪去，以表现清疏高雅、简洁明快，或明静深远、碧翠清幽的自然竹林风光韵趣。当然，单竿特写也是不错的形式。总之，可根据个人爱好结合素材和培植条件，做出各种造型，追求创意和个人风格。

单竿竹子盆景

竹子盆景的叶片可通过摘叶整形进行控制或更新。竹子生长快，定形后一个生长期，枝叶会逐渐繁多，叶片增大，加上萌生新笋长出新竿，造型会松散变形，此时可进行摘（剪）叶，疏枝整形或改作，把原有的叶片全部摘或剪去，并对枝条适当修剪。新生的新笋新竿则根据整形和改作需要进行取舍和分株，有点近似杂木树观赏寒枝的处理手法。摘叶时间一般在春末或秋初，但若需要，整个生长期都可以进行。摘叶后 1 个月左右，枝条或竿上的节点会萌生新枝新叶，且萌

《竹林晨曲》（2018 年秋）

《竹林晨曲》（2019 年春）

发的叶片会比原来小，颜色更加翠绿，秋季修剪更加明显，新生小枝的节间也相应缩短。待叶片长到适当的密度和大小后，可按删繁就简的原则，再行疏剪有碍造型的枝叶，塑造最佳观赏效果，这是一个更新缩小叶片，结合改作造型的过程，而不同于杂木盆景的摘叶。杂木盆景的摘叶修剪，除可观赏寒枝外，更可观赏新芽萌发后那种春意盎然、生机勃勃的状态，是蓄枝截干技艺中“脱衣换锦”的表现手法。

《竹林晨曲》摘叶修枝

《竹林晨曲》摘叶修枝两个月后再整形

与国画一样，在竹草盆景中，石是最佳配角，甚至有时还可当主角，竹石相依是最常见的主题。虽然山石和兰花、菖蒲、菊花等均可组合成景，但与竹子配合似更胜一筹。山石坚硬的质感和多样的色彩，与翠绿柔韧的竹子对比强烈，一虚一实，相衬生辉：石为实，稳为依托；竹为虚，灵动飘逸。石因竹而气势活现，竹因石衬托更显挺拔灵动，竹石相依，意韵倍增，妙趣横生。如置以人物或动物屋舍配件，盆面铺上青苔，打造自然地貌，有条件的再配上诗词书法和印章，则充满情趣，甚具画意，引人入胜，耐人寻味。在具体操作中，可尽量寻找一些品味品相较好而又适宜的石料，如英石、太湖石等都是不错的选择，但也无须过于刻意，可不论石种、形状、色泽、质地，不拘一格，或高或低，或瘦透或顿皱，随缘随遇而得，或视构图需要物色，根据所得到材料，灵活布局。不太理想时也可骑驴找马，暂时凑合，待找到合适之材再行更换或重新布局。就算已完成的作品，也可随时重新组合，甚至更换主题，从头来过。

《竹石图》

中国盆景中的山水盆景（包括水旱盆景、山石盆景、水石盆景、树石盆景）诗情画意，内涵丰富，讲求意境，颇具中华民族特色，用竹子作为主要素材制作山水盆景，题材广泛，可借鉴水旱盆景、山石盆景、水石盆景以及树石盆景的制作技艺，写意为主，以意立景，以诗入景，以心造景，不拘一格，敢于创新，着重创意，营造高雅而野趣的意蕴，做出能够彰显独特艺术语言、形式多样而又个性化的作品，以另一种不同的韵味体现山水盆景的艺术价值。

竹子与山水盆景组合

据笔者多年培植经验，盆栽竹子的病虫害很少，偶有发生锈病、小叶病以及腐鞭烂笋、干叶等。锈病乃病原真菌孢子寄生所致，腐鞭烂笋多为霉菌侵害。锈病可用三唑醇（羟锈宁）或波尔多液喷洒防治；小叶病主要是缺肥或土质差，只要平时注意摆设环境通风透气和土壤调配时消毒，加强肥水管理，一般可避免发生。竹子的害虫主要有介壳虫、多种蛾和蝶幼虫啃食竹叶乃至新笋，有时也可发现竹螨或蚜虫。这些害虫都可用乐果乳液或敌敌畏等杀虫药防治，对发生病虫害的叶片应当及时剪除清理，或结合整形，把所有叶片剪光。

介壳虫

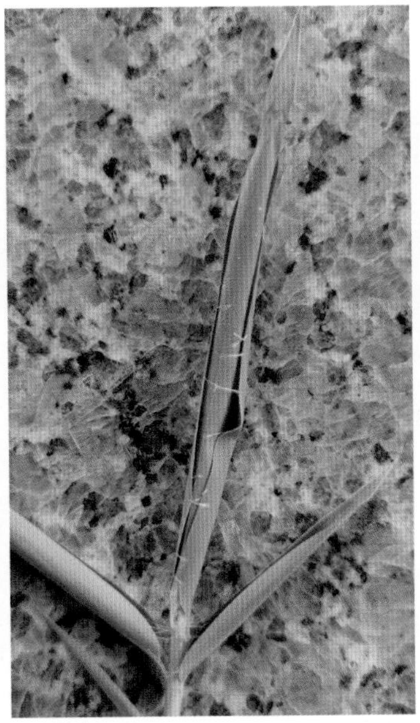

蝴蝶幼虫包

蝴蝶幼虫

（二）其他竹草盆景的制作与养护

兰花、菊花和菖蒲等具有深厚的传统文化内涵，也是制作竹草盆景理想的素材。此外，竹子和这些素材搭配合栽，可丰富作品的文人内涵，相得益彰，也是竹草盆景的一个重要造型形式。

《兰石图》

兰花长于深山幽谷之中，碧叶优雅，花姿婀娜，幽香清远，以香取胜。“兰生于深谷，不以无人而不芳。”兰花有“王者之香”的美誉，而其与草木为伍，不与群芳争艳，不惧霜雪，坚韧不拔的气质，成为高洁典雅的象征，被称为“君子之花”。

兰花可以观花闻香，也可观叶。兰叶形态优雅，葳蕤多姿，有“观叶胜观花”之说。兰花花期并不太长，但叶片终年常绿，盆栽应考虑常年观叶，注意叶韵的营造。兰花品种很多，可按个人喜欢，选取适当的品种素材，以国兰为佳，一般春兰、建兰、墨兰、寒兰等都可以。如条件允许，带叶艺（线艺）的品种观赏价值更高，但也不必追求名贵品种。兰花观叶要着重表现其叶片起伏变化及飘逸的叶韵，可以多从国画中借鉴叶姿造型之美。叶片布局要主次分明，疏密得当，注重动势，不宜过密过齐或过于硬直；平面透视时，兰叶不可相交于一点或呈匀网状，也不要过于平行。根头处忌平散。如配石，根头要尽量靠贴山石。

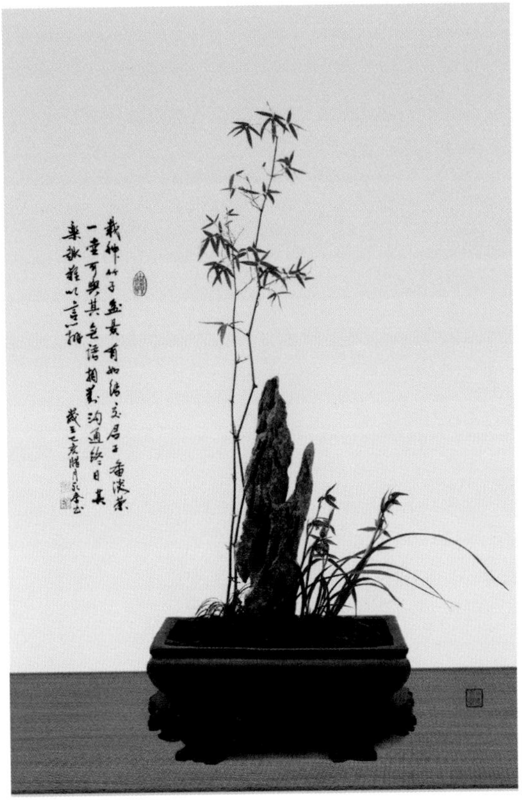

《兰竹图》

《兰菊图》

在竹草盆景中，兰竹可以说是最佳搭档。兰花婀娜典雅，竹子挺拔修长，同盆合栽，其内涵和韵趣倍增。做兰竹盆景时，要考虑整体布局、各要素之间的呼应协调，以构建兰竹盆景特有的意境。在生长特性上，兰花喜阴凉通风，忌强光直射，宜摆放在有阳光散照或半阴而空气流通的湿润环境，这与竹子的培植环境相似，合栽时可用遮阳网适当遮阴。但两者对土壤的要求则不大相同，兰花肉质根畏积水，容易染病菌而腐根，要求介质疏松透气，须选用优质专用兰土，如蛭石、珍珠岩、松皮、花生壳乃至小石块，掺入少量腐殖土，忌用黏土、菜园土或一般黄泥沙。竹子对土壤要求不高，但喜湿润，且其根系非常发达，可迅速扩张延伸，密集成片成团，挤迫其他植物根系。因此兰竹同盆合栽，必须将两者栽种区域隔开，使兰根生长区不被竹根侵入，并分别使用所宜土壤。浇水施肥也要有所区别，特别是浇水，要小心谨慎，竹根要浇透，保持土壤经常湿润，兰花这边土壤要偏干。为保持盆面地貌统一，可经常向盆面喷少量水，让盆面青苔正常生长。

菊花中和恬淡、孤标傲雪、冷艳清贞，有“花中隐士”的雅号。田园诗创始人陶渊明的诗句“采菊东篱下，悠然见南山”广为传诵，陶渊明成为菊花的代言人，把菊花和隐士联系在一起。

菊花色彩冷艳，与挺拔劲节的竹子、典雅多姿的兰花等同盆合栽，相映相衬，文人气息浓厚，画面雅美，引人入胜。

菊花以观花为主，制作菊竹盆景，当带花合栽。可选择喜欢的品种，在培植盆中培养至开花期，或在花市选购后，经适当修剪调整株形后再行移植，与竹子合栽，搭配成菊竹图。花后还可再行修剪，让其开花二度，此时植株会变矮，花也较小，别有韵味。

菖蒲端庄秀丽，“耐苦寒、安淡泊”。洁净出尘，野雅清香，“不假日色，不资寸土……可以适情，可以养性，书斋左右一有此君，便觉清趣潇洒。”《群芳谱》称其为“花中四雅”之一。

《菊竹图》

《蒲韵茶香》

菖蒲“剃头”

菖蒲近水附石而生，碧叶葱茏，四季常青，清和静雅。既有香气，又粗生易养。习性喜阴，略见阳光或有散光即可，但需通风环境。菖蒲既可水养，也可用小蛭石、椰糠、优质培养土等土栽。日常必须保持充足的水分，其根不怕积水，但不耐肥。培植中时常会出现一些枯尖叶或黄叶，要勤于剔除，俗称“剔黄”，以保持葱翠。可适当施少许淡淡肥水，忌施浓肥。春末夏初应狠心剪去所有杪梢（务必贴着剪），俗称“剃头”，以促发细芽，新叶就会变得翠绿而细小。

菖蒲与竹子合栽，尤能表现“淡泊以明志，宁静以致远”的文人秉性，雅不可及。菖蒲品种很多，和竹子合栽，可选用虎须、金钱、凤凰等粗生品种。合栽时需在盆土中预留一定空间位置，把用塑料容器栽种好的菖蒲连同容器埋入土中，也可在盆中先埋好容器，再移植种入菖蒲。其目的是既可直接将水浇入容器，保证供给菖蒲充足的水分，又能有效隔离竹根，以免菖蒲根部受竹根制压。

在以竹子为主角的竹草盆景中，除了兰花、菊花、菖蒲、水仙等常用素材之外，还有诸多花草也可作素材，如姬翠竹、血茅、虎耳草、爬墙虎等生于山野的草本植物（统称为山野草）。山野草种类繁多，难以逐一识别，也名不经传，但其种植简单，形态优美自然而又各具特色，可单独做成微型或小品观赏，欣赏价值很高，可作为案头摆设，也可相互搭配组合成景或与竹子合栽，效果更佳。制作山野草盆景必须注重创意，表现清新秀雅、自然随意之美，追求融入自我而归于自然的境界。在摆设环景、浇水施肥、翻盆换土等管理环节，也必须根据各种花草的生长特性，做好安排管理。

《菖蒲竹石图》

甘薯、菲白竹盆景

二、竹草盆景欣赏

题名：竹报平安

品种：黄金佛肚竹，黄蜡石

规格：竹高 55 厘米

知竹常乐

夜来新雨细无声晨起清风摇竹影园色空濛珠光闪把壶扫叶闻啼莺

丁酉春日 永泰

题词：夜来新雨细无声，晨起清风摇竹影。园色空濛珠光闪，把壶扫叶闻啼莺。

题名：知竹常乐
品种：龟背竹，英石
规格：竹高 108 厘米

题名：休憩无觅处，此境自清凉
品种：黄金竹，英石
规格：竹高 110 厘米

题词：竹子盆景竿为形，叶为魂，魂由韵生，营造叶韵，当用减法。唯有常观竹，多读画，勤操练，方能悟其妙，得其法，乃成佳作。

题名：板桥竹韵

品种：黄金竹，英石

规格：竹高108厘米

题词：盆栽不忘凌云志，虚心犹存节弥坚。
四时青葱色不改，寒冬园里有春天。
当与此君常相伴，浮俗自消也忘年。

题名：欣园咏竹
品种：金镶玉黄金竹
规格：竹高 115 厘米

题名：竹石图
品种：紫竹，英石
规格：竹高 105 厘米

题词：南天春雨时，那鉴雪霜姿。
众类亦云茂，虚心宁自持。
多留晋贤醉，早伴舜妃悲。
晚岁君能赏，苍苍劲节奇。

唐·薛涛

题名：无名
品种：金镶玉黄金竹，英石
规格：竹高 115 厘米

题词：苏轼酷爱石砚，宋神宗时官居岭南，考察端州，视端砚为至爱，赏不择手，赋诗作铭，此作乃记之。

题名：东坡赏砚图
品种：红箭竹，英石
规格：竹高 115 厘米

题词：王羲之爱鹅，苏东坡爱竹，陶渊明爱菊，周敦颐爱莲，林和靖爱梅，皆属文人癖好，这不仅是闲情逸致，更是一种超凡脱俗的情怀和高雅的生活情趣，反映其个人性格特征和精神追求。

题名：羲之爱鹅

品种：黄金竹，英石

规格：竹高 130 厘米

题词：栽种竹子盆景，有如结交君子，备淡茶一壶，可与其无语相对，沟通终日，其乐趣难以言辩。

题名：无名

品种：黄金竹，英石

规格：竹高95厘米

题词：园外苍茫是竹乡，十里琅玕碧连天。
新篁亭亭披翠羽，老竿扶摇拂云烟。

题名：无名
品种：金镶玉黄金竹
规格：竹高 105 厘米

题词：平生爱松竹，移来盆中栽，欣园尽此景，四时春常在。

题名：无名

品种：文登竹，英石

规格：竹高85厘米

题名：竹石图
品种：黄金竹，英石
规格：竹高 90 厘米

题名：竹林晨曲
品种：黄金佛肚竹，英石
规格：竹高 82 厘米

题名：读竹
品种：佛肚竹，英石
规格：竹高 65 厘米

题词：三国时期，诸葛亮利用天文地理常识，借得三天三夜东南风，于赤壁大破曹兵，奠定三国鼎立之分局势。

何時東風起
三國時期諸葛亮利用天文地理常识借得三天
三夜東南風於赤壁大破曹兵奠定三國鼎立
之分局勢

题名：何时东风起

品种：四方竹，英石

规格：竹高98厘米

题名：不可一日无此君
品种：罗汉竹，英石
规格：竹高95厘米

题名：新家园
品种：凤尾竹
规格：竹高 80 厘米

题词：丛立亭亭碧翠姿，此时横空亦清奇。

题名：无名
品种：簕竹，英石
规格：飘长 85 厘米

题词：满园郁翠夏日长，日轮灼灼桑拿天。
修枝扫叶衣衫湿，时逢朋到共茗香。
借问此景何能耐，心有翠竹生清凉。

题名：无名
品种：凤尾竹，英石
规格：竹高75厘米

题词：劲节叠叠苍龙骨，翠羽片片金错刀。

题名：无名

品种：黄金佛肚竹，英石

规格：竹高80厘米

题名：祝君平安
品种：文登竹
规格：竹高 35 厘米

题词：风来笑有声，雨过净如洗。
有时明月来，弄影高窗里。
清·纪琼

题名：无名
品种：金竹，英石
规格：竹高85厘米

题名：竹石图
品种：凤尾竹，英石
规格：竹高90厘米

题词：拔地气不挠，参天节何劲。
平生观物心，独对秋篁影。
清・丘逢甲

题名：无名
品种：罗汉竹，英石
规格：竹高 110 厘米

题词：清代南京清凉山有僧人拾级扫叶，绕树观花，不问世事，意态萧闲，然吾辈修枝扫叶，当亦悠然自乐矣。

题名：扫叶者

品种：箣竹，英石

规格：竹高85厘米

题名：出袖之舞
品种：箭竹，英石
规格：竹高 55 厘米

题名：竹韵
品种：花叶唐竹，英石
规格：竹高 100 厘米

题名：竹趣
品种：凤尾竹，英石
规格：竹高 50 厘米

题名：竹石图
品种：黄金佛肚竹，英石
规格：竹高 55 厘米

题名：坐看新雨过，叶翠石玲珑

品种：佛肚竹，太湖石

规格：竹高 43 厘米

题名：清影摇风

品种：佛肚竹，英石

规格：竹高 55 厘米

题名：竹影琴音
品种：凤尾竹，英石
规格：盆长 80 厘米

题名：竹下论道

品种：佛肚竹，白英石

规格：盆长 70 厘米

题名：觅知音
品种：凤尾竹，英石
规格：盆长 70 厘米

题名：江南竹乡
品种：凤尾竹，英石
规格：盆长 100 厘米

题名：别有洞天
品种：佛肚竹，英石
规格：盆长 70 厘米

题名：归

品种：佛肚竹，英石

规格：竹高 82 厘米

题词：霜叶飘零林野静，独上云崖沐晚晴。
落霞灿焕夕阳外，无限景色长精神。

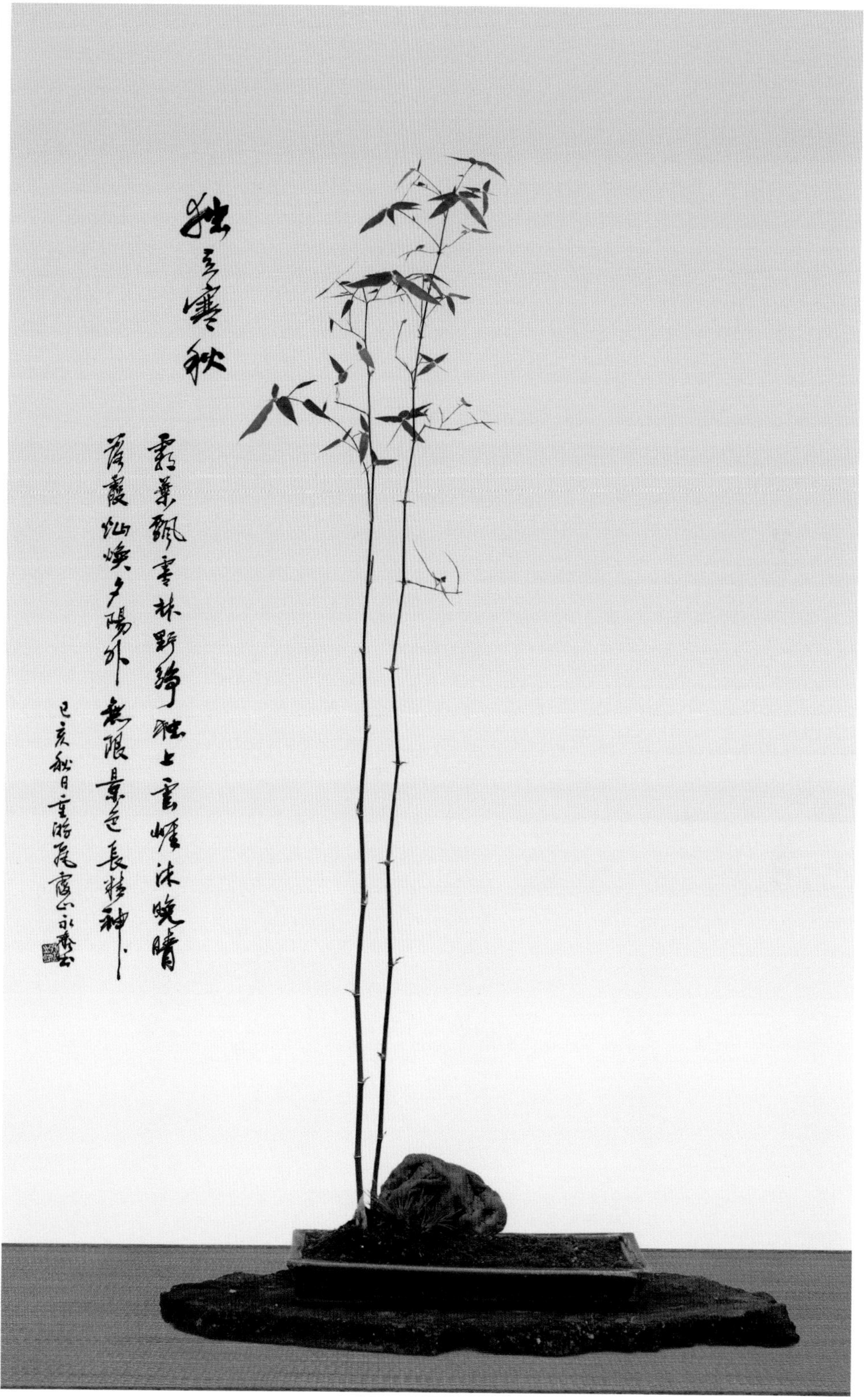

题名：独立寒秋
品种：簕竹，黄蜡石
规格：竹高 115 厘米

题名：天地一盘棋
品种：小崖竹，英石
规格：竹高 98 厘米

题名：牛
品种：佛肚竹，英石
规格：盆长 120 厘米

题名：牧马图

品种：黄金佛肚竹，英石

规格：盆长 125 厘米

题名：南国平湖四月天
品种：墨竹、六月雪，英石
规格：盆长 95 厘米

题名：竹溪六逸图

品种：凤尾竹、六月雪，英石

规格：盆长 90 厘米

题名：竹林七贤图
品种：凤尾竹，英石
规格：盆长 100 厘米

孤帆远影
送孟浩然之广陵诗

题词：故人西辞黄鹤楼，烟花三月下扬州。
孤帆远影碧空尽，唯见长江天际流。
唐·李白

题名：孤帆远影
品种：佛肚竹，英石
规格：盆长90厘米

题名：乡愁之梦

品种：小崖竹，彩陶石

规格：盆长 95 厘米

题词：寒飞千尺玉，清洒一林霜。
纵是尘心重，相看亦顿忘。

题名：观竹
品种：凤尾竹，三甲木、沉木
规格：景高 70 厘米

题名：听道
品种：三角梅、佛肚竹、六月雪，英石
规格：盆长 90 厘米

题词：琼节虚心势凌空，寒冬闲度乃从容。
新篁青葱春天里，洒翠伴茗有清风。

题名：知竹常乐
品种：罗汉竹，英石
规格：竹高 115 厘米

题名：无名
品种：墨兰，砂积石
规格：兰高 65 厘米

绿叶青葱傍石栽
孤根不与众花开
明董其昌诗句永发

题词：绿叶青葱傍石栽，孤根不与众花开。

明·董其昌

题名：无题

品种：兰花，大湖石

规格：盆长 50 厘米

题名：兰石图

品种：兰花，砂积石

规格：盆长 70 厘米

题词：栽种竹子盆景有如结交君子，备淡茶一壶，可与其无语相对，沟通终日，其乐趣难以言辩。

题名：无名
品种：箣竹、兰花，英石
规格：竹高110厘米

题名：静气得兰　清风引竹
品种：黄金竹、兰花，英石
规格：竹高 88 厘米

题词：两竿翠竹拂云长，几叶幽兰带露香。
好手移来窗户里，不须千里望沅湘。
宋·刘跃

题名：无名
品种：簕竹、兰花，英石
规格：竹高 115 厘米

题名：兰竹石图
品种：石斛兰、金竹，英石
规格：兰高 45 厘米

题名：兰竹图
品种：蝴蝶兰、簕竹，沉木
规格：木高 55 厘米

题名：闲趣

品种：佛肚竹、凤尾竹、唐竹，英石

规格：盆长 100 厘米

题词：秋霜造就菊花城，不尽风流写晚霞。
信手拈来无意句，天生韵味入千家。
唐・李师广

秋霜造就菊花城不尽风流写晚霞
信手拈来无意句天生韵味入千家

题名：无题
品种：菊花、兰花，英石
规格：菊高85厘米

题名：菊竹图
品种：菊花、兰花、佛肚竹
规格：菊高 85 厘米

题词：霜叶凋零秋色晚，岭南今岁冬来迟。
菊自淡泊傲霜雪，幽篁凝翠叶未稀。
残阳夕照黄金蕊，侣竹欹石景色奇。
他日尽栽园中菊，定学陶令修东篱。

题名：菊竹图
品种：龟背竹、菊花，英石
规格：竹高 110 厘米

题词：九日山僧院，东篱菊也黄。
俗人多泛酒，谁解助茶香。
唐·皎然

题名：无名
品种：菊花、兰花，英石
规格：菊高 70 厘米

题名：蒲石图
品种：菖蒲，砂积石
规格：盆长 50 厘米

题名：蒲石图
品种：菖蒲，钟乳石
规格：盆长 33 厘米

题词：菖蒲乃案头清品，供于茶室可静观其雅净清新之韵味，亦可品清醇悠远之茶香，当悠悠然而自得其乐矣。

题名：蒲韵茶香
品种：菖蒲，大理石
规格：几长60厘米

题名：竹蒲图
品种：佛肚竹、菖蒲，火山石
规格：盆长 70 厘米

题名：碧翠临风送秋声
品种：凤尾竹、菖蒲，钟乳石
规格：竹高 100 厘米

题名：蒲竹图

品种：紫竹、菖蒲，英石

规格：飘长 25 厘米

题名：菖蒲竹石图
品种：菖蒲、佛肚竹，英石
规格：盆长 100 厘米

题名：梅石图

品种：报春梅、佛肚竹，英石

规格：景高 55 厘米

题名：梅竹石图
品种：红梅、佛肚竹，英石
规格：梅高 90 厘米

配诗：阶前老老苍苍竹，却喜长年衍万竿。
最是虚心留劲节，久经风雨不知寒。
邓拓

题名：无名
品种：簕竹、长寿梅，英石
规格：竹高 110 厘米

题词：月洒前庭移竹影，雨打芭蕉作秋声。

题名：无名

品种：芭蕉、佛肚竹

规格：竹高 65 厘米

题名：蕉林晨曦
品种：芭蕉，英石
规格：盆长 110 厘米

题名：竹林叙旧
品种：文竹，英石
规格：盆长 80 厘米

题名：别有洞天
品种：文竹，英石、大理石盆
规格：盆长 70 厘米

题名：闲趣
品种：番薯、菲白竹
规格：景高 33 厘米

题名：无名
品种：墨竹、荷兰草小品组合
规格：景高 60 厘米

题名：天涯论道

品种：虎耳草，砂积石

规格：盆长 45 厘米

漁樂圖

题词：落霞催归鸟，闲云自悠悠。
渔乐不知返，独钓一江秋。

题名：渔乐图

品种：簕竹、石榴、六月雪，英石、黄蜡石

规格：盆长90厘米

题名：秋水清流

品种：枫树、凤尾竹，英石

规格：盆长 100 厘米